这本书属于

_____

版权贸易合同登记号　图字：01-2020-6316

图书在版编目（CIP）数据

听，植物在说话 /（美）萨拉·莱文著；(美) 玛莎·德扬斯绘；北京博物探索学校译.
—北京：电子工业出版社，2021.9
（小科学家国际大奖图画书）
ISBN 978-7-121-41767-2

Ⅰ.①听… Ⅱ.①萨…②玛…③北… Ⅲ.①植物 – 少儿读物 Ⅳ.①Q94-49

中国版本图书馆CIP数据核字（2021）第174689号

责任编辑：朱思霖　文字编辑：耿春波
印　　刷：河北迅捷佳彩印刷有限公司
装　　订：河北迅捷佳彩印刷有限公司
出版发行：电子工业出版社
　　　　　北京市海淀区万寿路173信箱　邮编：100036
开　　本：889×1194　1/16　印张：2.5　字数：12.75千字
版　　次：2021年9月第1版
印　　次：2021年9月第1次印刷
定　　价：45.00元

凡所购买电子工业出版社图书有缺损问题，请向购买书店调换。
若书店售缺，请与本社发行部联系，联系及邮购电话：（010）88254888，88258888。
质量投诉请发邮件至zlts@phei.com.cn，盗版侵权举报请发邮件至dbqq@phei.com.cn。
本书咨询联系方式：（010）88254161转1868，gengchb@phei.com.cn。

小猛犸童书
小科学家国际大奖图画书

听，植物在说话

[美] 萨拉·莱文 著 [美] 玛莎·德扬斯 绘

北京博物探索学校 译

电子工业出版社
Publishing House of Electronics Industry
北京·BEIJING

嘿，小朋友！

我在这儿！

我就在你的脚边！

对，我是植物，正在和你说话。

也许你觉得奇怪，植物并没有和人类说话的习惯。

现在我就来告诉你花色的真相。我们在这里"自力更生"，可你们人类竟说什么红玫瑰代表爱情，白玫瑰适合装点婚礼……这真是太可笑了！

我们的花可不是用来帮你们传消息的。别自以为是啦！我们开花是想通过花和动物说话。

为什么？因为我们需要它们的帮助。如果你的一生都动弹不得，你要怎么办？

你要怎么吃饭？

你要怎么喝水？

你要怎么穿上睡衣？

有些事我们自己就能做好。太阳帮助我们获得食物。下雨，我们的根就会吸收水分。

可是我们需要帮助才能结出种子——种子是我们的宝宝。还有什么能比让我们结出种子更重要呢？没有种子，就不会再有新的植物了。

我们就

绝种了！

为了结出种子，我们需要同种类的另一棵植物的花粉。

怎么办到呢？我们没有脚，又不能大摇大摆地走过去拿。

这就是我们需要动物的原因。

我们是这样做到的：用奖品"哄"动物们
为我们传播花粉。

嗯……就像这样……

我们怎样才能得到动物们的帮助呢？

我们会举起大大的广告牌广而告之。花朵"大喊"着：

来吧，亲爱的！这里有为你们准备的美味佳肴！

相信我，动物朋友们一定会来。特别是它们饿的时候！它们还可能带来另一朵花的花粉。至于它们是否知道自己在做什么，我就不清楚了。

不过这都不重要！完成授粉，皆大欢喜。

说了这么多，这些和花的颜色有什么关系呢？

不同颜色的花吸引不同的动物帮忙它们
授粉。

你聪明，所以我悄悄地告诉你这些。
也许你能帮我转达，不是吗？

红花通常会和鸟说话

红花的红是植物的最高机密，为鸟儿而开。红色吸引鸟儿的注意力。常见授粉者都是昆虫，它们看不见红色。

一朵红花说："来，蜂鸟！带上我的花粉，就有花蜜吃。"

顺便说一下，红花一般没有特殊的香味。

鸟儿的嗅觉这么差劲，一般植物为何还要自制香味呢？

蓝花和紫花会和蜜蜂说话

蜜蜂需要花粉来喂养宝宝。它们腿上的大量细绒毛能带着很多花粉四处奔忙。总有大量花粉会粘在它们身上，并跟着它们探访另一朵花。

蓝花和紫花会说："哟，蜜蜂！你能帮我授粉吗？当然，你还可以带些花粉给你们的宝宝！"看到没有，我们也很贴心呢。

黄花也会和蜜蜂说话

　　蜜蜂是我们植物授粉的最强助力。我听说，人类科学家刚刚总结出蜜蜂最喜欢的三个颜色：蓝色、紫色和黄色。可怜的人啊，花了这么长时间才搞明白这么简单的道理！我们植物很久以前就知道了。这就是为什么我们的很多同伴的花朵都是以这三种颜色为主的。我们希望可以通过色彩得到可靠的帮助。

黄花说："蜜蜂朋友们！这边是特价区——这里提供免费的食物哟！"

一些白花会和蛾子及蝙蝠说话

蛾子和蝙蝠大多在夜间活动。当野外漆黑一片时，什么颜色最显眼呢？当然是白色啦！

白花就像巨大的广告牌，上面明晃晃地写着："嘿，这里有免费的花蜜！"为了让夜行动物更容易找到自己，白花会释放出香气作为引导。说实话，这种浓郁的香气对我们植物来说毫无意义，不过我猜对蛾子或蝙蝠应该挺有吸引力的。

棕花通常和苍蝇说话

它们会说："闻一闻！很臭吧，但这味道你们一定会喜欢！"

这是真的。棕花会发出动植物腐烂时的恶臭。苍蝇会在臭腐物上产卵，确保它们的蛆宝宝孵化后有东西吃。（这实在是太恶心了！）

对于苍蝇妈妈来说，棕花毫无用处。它为恶臭而来，但这里并没有给蛆宝宝的食物——只有一朵哄它干活还不给报酬的花。在苍蝇妈妈寻找产卵地的过程中，散发臭味的花朵得到花粉，而苍蝇妈妈却忙忙碌碌空欢喜一场。

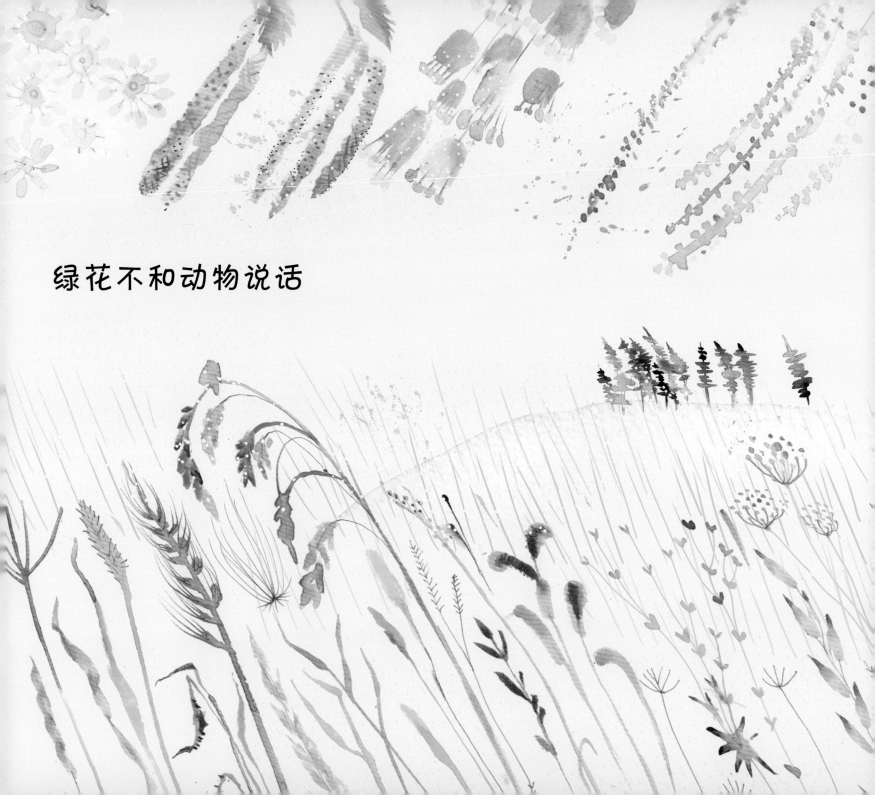

绿花不和动物说话

这仅仅是因为它们害羞吗？并非如此。拥有绿花的植物不需要帮助，它们才不和动物说话呢。它们的花粉靠风传播。这类植物从头绿到脚，所以无需动物注意它们。

如果没有必要的话，作为人类的你会花费心思打扮自己吗？反正我们植物是很坦诚的，我们不会。

动物只会被那些它们最喜欢的颜色吸引吗？

这种颜色吸引并非绝对，但动物们通常遵循这一规律。

举个例子，比起颜色，蝴蝶更喜欢花朵的形状。蝴蝶喜欢停留在比较结实的花瓣上，还喜欢能让它们用又长又卷的舌头来吸食花蜜的花筒。它们会被很多种颜色的花吸引。即使是蝴蝶也有偏好，它们喜欢白色、紫色、黄色、粉色、红色和橙色。可真多呀，你觉得呢？

小朋友，我们聊得很开心，但你该走了。去四处逛逛吧！也许你还没注意到，作为植物的我其实挺忙的。我正在孕育新的花朵——它会是一朵黄花，有美美的、宽宽的花瓣。花就要开了……

不过，你走之前，要不要猜一猜，我接下来会和谁说话呢？

关于授粉的更多知识

授粉是植物孕育种子的方式。
原理如下：

花的结构

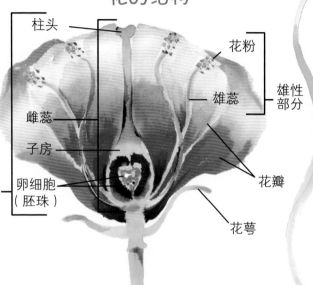

- 柱头
- 花粉
- 雄蕊
- 雄性部分
- 雌蕊
- 子房
- 卵细胞（胚珠）
- 花瓣
- 雄性部分
- 花萼

要形成种子，植物需要使花粉和卵细胞结合在一起。有些情况下，花粉和卵细胞可以来自同一棵植物（又叫作自花授粉）；大多数情况下，它们来自同一种植物的不同植株（又叫作异花授粉）。

第一阶段

花粉如何到达卵细胞呢？某些种类的植物由风授粉。其他的植物则需要动物帮忙授粉。动物把花粉从雄蕊（植物的雄性部分）运送到雌蕊（植物的雌性部分）上。雌蕊内含有卵细胞。

第二阶段

授粉者的作用在于，花粉需要刚刚好落在正确的位置，即花的柱头上，也就是雌蕊的顶端。当花粉落到这个位置后，从卵细胞里长出的花粉管会把花粉向下运输，和卵细胞（也就是胚珠）结合。

花粉与卵细胞结合形成种子后，花朵的雄性部分——雄蕊，就不再被需要了，所以它们凋落了。花瓣也吸引不来昆虫了，结果它们就凋谢了。

第三阶段

包裹着种子的子房开始膨大，子房发育成果实，它内含的种子已准备萌发长成新的植株。它可以是苹果、南瓜、豆荚中的豌豆、花生壳里的花生，或者其他果实。这些含有种子的果实有一部分在日常生活中另有名称和用途，但它们的确是果实。如果某种食物里面有种子，那在植物学上它就是果实。

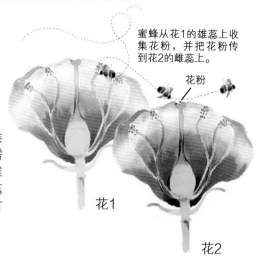

蜜蜂从花1的雄蕊上收集花粉，并把花粉传到花2的雌蕊上。

花粉

花1

花2

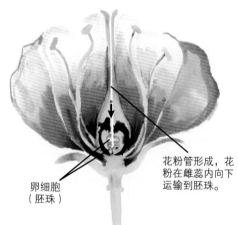

卵细胞（胚珠）

花粉管形成，花粉在雌蕊内向下运输到胚珠。

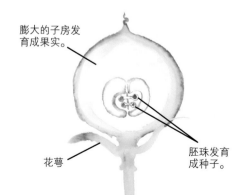

膨大的子房发育成果实。

花萼

胚珠发育成种子。

保护植物的授粉者

你知道某些授粉昆虫的生存正受到威胁吗？这是个很严重的问题！植物需要依靠这些动物携带花粉。如果没有这些授粉者的存在，很多植物会无法完成授粉，它们就不能产生新的种子。没有种子，新的植物就无法诞生。

很多人没有意识到植物对地球有多么重要。实际上我们依赖它们而生存。植物为我们提供食物和荫蔽，而且还能为我们净化呼吸所需的空气。

这里有一些你和你的朋友们能为这些授粉者提供的力所能及的帮助：

1. 不要随意在草坪或花园里使用会伤害昆虫的化学物质。

2. 保护每一块有花朵的草地，这样这些动物授粉者总有地方进食和居住。

3. 把这些知识告诉更多的人，这样他们也能加入你的队伍，成为环保的伙伴。